Quelles solutions pour la réh

C000137396

Mohamed Kadiatou Cissé

Quelles solutions pour la réhabilitation des mines à ciel ouvert?

Quelles solutions pour la réhabilitation des mines à ciel ouvert par le phytomanagement?

Éditions universitaires européennes

Impressum / Mentions légales

Bibliografische Information der Deutschen Nationalbibliothek: Die Deutsche Nationalbibliothek verzeichnet diese Publikation in der Deutschen Nationalbibliografie; detaillierte bibliografische Daten sind im Internet über http://dnb.d-nb.de abrufbar.
Alle in diesem Buch genannten Marken und Produktnamen unterliegen warenzeichen-, marken- oder patentrechtlichem Schutz bzw. sind Warenzeichen oder eingetragene Warenzeichen der jeweiligen Inhaber. Die Wiedergabe von Marken, Produktnamen, Gebrauchsnamen, Handelsnamen, Warenbezeichnungen u.s.w. in diesem Werk berechtigt auch ohne besondere Kennzeichnung nicht zu der Annahme, dass solche Namen im Sinne der Warenzeichen- und Markenschutzgesetzgebung als frei zu betrachten wären und daher von jedermann benutzt werden dürften.

Information bibliographique publiée par la Deutsche Nationalbibliothek: La Deutsche Nationalbibliothek inscrit cette publication à la Deutsche Nationalbibliografie; des données bibliographiques détaillées sont disponibles sur internet à l'adresse http://dnb.d-nb.de.
Toutes marques et noms de produits mentionnés dans ce livre demeurent sous la protection des marques, des marques déposées et des brevets, et sont des marques ou des marques déposées de leurs détenteurs respectifs. L'utilisation des marques, noms de produits, noms communs, noms commerciaux, descriptions de produits, etc, même sans qu'ils soient mentionnés de façon particulière dans ce livre ne signifie en aucune façon que ces noms peuvent être utilisés sans restriction à l'égard de la législation pour la protection des marques et des marques déposées et pourraient donc être utilisés par quiconque.

Coverbild / Photo de couverture: www.ingimage.com

Verlag / Editeur:
Éditions universitaires européennes
ist ein Imprint der / est une marque déposée de
OmniScriptum GmbH & Co. KG
Heinrich-Böcking-Str. 6-8, 66121 Saarbrücken, Deutschland / Allemagne
Email: info@editions-ue.com

Herstellung: siehe letzte Seite /
Impression: voir la dernière page
ISBN: 978-3-8416-6837-0

Copyright / Droit d'auteur © 2015 OmniScriptum GmbH & Co. KG
Alle Rechte vorbehalten. / Tous droits réservés. Saarbrücken 2015

AVANT PROPOS

Cet essai s'inscrit dans le cadre du programme de *Master Professionnel* en Sciences de l'Environnement au Centre d'Étude et de Recherche en Environnement (CÉRE) de l'Université Gamal Abdel Nasser de Conakry (UGANC). Il porte sur la recommandation d'une stratégie de gestion environnementale pour la réhabilitation des mines à ciel ouvert.

La Guinée, à l'instar des autres pays miniers, est marquée par une forte dégradation de l'environnement. Les exploitations minières à ciel ouvert sont parmi les principales causes. Ce type d'exploitation minière, laisse derrière elle des fosses à ciel ouvert, qui ont des impacts non négligeables sur l'environnement. C'est pourquoi, le but de cet essai intitulé «Recommandation d'une stratégie de gestion environnementale pour la réhabilitation des mines à ciel ouvert de la Société Minière de Dinguiraye» est d'élaborer une méthode de réhabilitation des mines à ciel ouvert de la Société Minière de Dinguiraye (SMD).

Avant tout, je remercie **DIEU**, le Seigneur de l'univers. Par la suite, je dois dire un sincère merci à mon directeur d'essai, Professeur Sékou Moussa KEÏTA. Son vif intérêt pour mon sujet et pour l'environnement m'a captivé dès nos premières communications. Son expérience, ses commentaires et son soutien toujours concis, soutenus et professionnels ont été fondamentaux pour la réalisation de cet essai. J'exprime ma gratitude envers Mme Fatoumata Binta Sombily DIALLO et tout le personnel enseignant et administratif du CÉRE.

Par ailleurs, je tiens à remercier mon frère Mohamed CISSÉ (administrateur à la SMD), M. Cécé LOUA (département mines) et l'ensemble des travailleurs de la SMD notamment ceux du département SSE dont entre autres ; M. Jeff OBRIEN (chef de département), M. Sékou CAMARA (chef de service SSE), M. Soutougou KOLIÉ (chef de section Environnement), M. Salou NABÉ (chef de laboratoire environnemental), M. Serges Facely CAMARA,

M. Fodé CAMARA et tout le personnel du département SSE, pour avoir fourni leur aide et les explications nécessaires pour cet essai. Je remercie M. Mamadou KEÏTA qui, grâce à ses connaissances en environnement et sa disponibilité, m'a aidé à la réussite de ce travail. Ensuite, je ne dois pas passer sous silence les échanges indispensables avec les étudiants du CÉRE. La liste étant très longue, je tiens à vous remercier tous. Ces différents échanges ont permis d'apporter une grande expertise à cet essai.

Enfin, mais non les moins importants, je tiens à remercier ma famille et mes amis. Pour leur soutien constant pendant mes études et dans les moments les plus éprouvants. Je tiens à insister sur le fait que les encouragements soutenus de mon père, de ma mère, de mes sœurs, de mes frères, de mes oncles et de mes tantes ont été très précieux pendant ces nombreuses heures d'étude et de rédaction.

Je dédie ce travail à mon père **Feu Mohammad Kaïra CISSÉ**, pour les nombreux sacrifices qu'il a consenti pour ma formation et mon éducation, et pour toute l'affection que je lui dois (que **DIEU** l'accepte dans son éternel paradis), **Amen !**

TABLE DES MATÈIRES

LISTE DES FIGURES

LISTE DES TABLEAUX

LISTE DES ABREVIATIONS, SIGLES ET ACRONYMES

AIEA	Agence Internationale de l'Énergie Atomique
BGÉEE	Bureau Guinéen des Études et Evaluation Environnementale
BD	Lac artificiel Be Dame
Car lak	Lac naturel Carrefour
CÉRE	Centre d'Étude et de Recherche en Environnement
CN⁻	Taux de cyanure
CNT	Conseil National de Transition
Cond	Conductivité
CPS	Commission du Pacifique Sud
CR	Commune Rurale
CUMV	Committee on Uranium Mining in Virginia
DMA	Drainage Minier Acide
ÉIES	Étude d'Impacts Environnementale et Sociale
ELAW	Environmental Law Alliance Worldwide
GES	Gaz à effet de Serre
GEP	Groupe d'Expertise Pluraliste
Lero1	Cours d'eau Lero

OMS	Organisation Mondiale de la Santé
PANA	Plan d'Action National d'Adaptation aux changements climatiques
PNUE	Programme des Nations Unies pour l'Environnement
PRG	Présidence de la République de Guinée
PROE	Programme Régional Océanien de l'Environnement
Sig	Cours d'eau Siguirini
SMD	Société Minière de Dinguiraye
SSE	Santé Sécurité Environnement
TDS	Taux de Substance Dissout
Temp	Température
TSF	Lac cyanuré de la SMD
Turb	Turbidité
UICN	Union Internationale pour la Conservation de la Nature

LISTE DES ANNEXES

RÉSUMÉ

L'exploitation minière à ciel ouvert est responsable de la destruction du couvert végétal et du sol. Ce présent essai intitulé **''recommandation d'une stratégie de gestion environnementale pour la réhabilitation des mines à ciel ouvert de la SMD''** est la matérialisation de notre souci de contribuer à la réhabilitation des mines à ciel ouvert. Il a pour mandat d'élaborer une méthode de réhabilitation environnementale des mines à ciel ouvert à la SMD, par la caractérisation de l'état actuel des mines et la proposition d'une méthode de gestion environnementale pour leur réhabilitation par le phytomanagement. Pour atteindre ce mandat, un stage pratique à la Société Minière de Dinguiraye (SMD) de mars à avril 2014 a permis de réaliser des entretiens avec la communauté et la SMD, et à une observation directe sur le terrain. Au terme de ce stage, l'état actuel des mines à la SMD a été caractérisé: la méthode d'exploitation (à ciel ouvert), le nombre de mines en activités (6), le nombre de mines exploitées (5), le degré et le type de réhabilitation (une seule remblayée) et les problèmes environnementaux rencontrés par la communauté locale. À l'issue de l'analyse des résultats de ce mandat, un schéma de réhabilitation des mines par le phytomanagement a été proposé (réhabilitation par les essences à croissance rapide, fruitières et locales). Cet essai a permis de faire connaître la réhabilitation phytomanageriale par les essences à croissance rapides, les essences fruitières et les essences locales.

Mots clefs : destruction, stratégie de gestion, réhabilitation, mine à ciel ouvert, phytomanagement, société minière, Dinguiraye.

INTRODUCTION

La création d'une fosse à ciel ouvert d'une exploitation minière, se traduit par la destruction totale du couvert végétal et du sol (décapage), la production d'une importante quantité de matériaux stériles et des résidus rocheux qui seront entreposés en surface. Ces impacts ont pour conséquence, le déséquilibre de l'écosystème, l'érosion, la pollution de l'air et de l'eau. C'est pourquoi les activités minières causent de sérieux problèmes environnementaux et sociaux.

Ainsi, après cessation des travaux d'exploitation, il reste des fosses creusées par décapage des morts terrains et récupérations des minéraux. Ces fosses finales représentent des superficies improductives et dangereuses pour les êtres vivants. Elles forment des lacs remplis d'eau, qui polluent la nappe phréatique (voir figure 7.1 de l'annexe 7). Elles représentent alors un effet dévastateur sur l'environnement.

Les activités minières sont parmi les principales causes de la dégradation de l'environnement guinéen. D'après le Ministère de l'Agriculture (2007), la dégradation de l'environnement guinéen est particulièrement remarquable au niveau des sites miniers. Les mines à ciel ouvert non réhabilitées sont un facteur non négligeable de cette dégradation, de par ses pollutions de la nappe phréatique et de déséquilibre éco systémiques.

Face à cette situation, dans un contexte où la réhabilitation des mines à ciel ouvert en Guinée est de plus en plus d'actualité, nous avons cru y apporter notre modeste contribution en choisissant le thème intitulé «recommandation d'une stratégie de gestion environnementale pour la réhabilitation des mines à ciel ouvert de la Société Minière de Dinguiraye». Les mandats poursuivis dans cet essai sont: i) Caractériser l'état actuel des mines à la SMD; ii) Proposer une méthode de gestion environnementale pour la réhabilitation des mines à la SMD, par le phytomanagement.

Pour atteindre ces mandats, nous avons utilisé la méthode d'enquête. Nos démarches ont consisté en une synthèse de la littérature et la collecte de données de terrain, par les techniques d'entretiens et d'observations pendant un stage pratique. Les outils utilisés ont été des guides d'entretien et des grilles d'observation.

Le travail est structuré en 4 chapitres: le premier chapitre décrit la problématique liée à l'exploitation minière en général et à la réhabilitation minière en particulier. Le deuxième chapitre traite la méthodologie utilisée. La zone d'essai est présentée dans le troisième chapitre qui traite la situation géographique du site. Le quatrième chapitre porte sur la présentation des résultats, une conclusion et des recommandations viennent clore cet essai.

CHAPITRE I

PROBLÉMATIQUE

Ce chapitre est consacré à la problématique de l'exploitation minière sur l'environnement en général et celle de la réhabilitation des mines à ciel ouvert exploitées en particulier.

2.1   Problématique générale

Les enjeux environnementaux associés à la production minérale sont nombreux et variables selon la phase du cycle de vie d'une mine. D'après la chaire en éco-conseil (2012), il est impossible de les énumérer tous. Genivar (2008) note qu'il est utopique de les qualifier avec précision sans en étudier un cas particulier, car ils dépendent de l'importance de l'émetteur (la mine) et du récepteur (l'environnement). Selon Fernando (2012), l'industrie minière à ciel ouvert est responsable d'impacts environnementaux de grandes envergures et même de destruction environnementale permanente. Ces dommages environnementaux sont presque sans solution technologique ou technique permettant de renverser les tendances.

L'accumulation de déchets toxiques, la pollution de l'air, des sols, de l'eau, les nuisances sonores, la destruction ou la perturbation d'habitats naturels, la défiguration des paysages sont autant de conséquences négatives provoquées par l'exploitation minière. (UICN, 2012).

Les déchets miniers sont considérés comme une menace environnementale perpétuelle. D'après Czajkowski *et al.* (2006), les stériles et les résidus miniers constituent des rebus de l'opération minière ayant un potentiel de contamination de plusieurs milliers d'années. Aubertin *et al.* (2002) notent qu'au Québec, l'ensemble des mines qui produisent des métaux et des matériaux industriels tels que l'or, le cuivre et le fer, génèrent près de 100 millions de tonnes de rejets miniers chaque année. La faible teneur des gisements de métaux explique, en grande partie, les quantités importantes de rejets miniers produits. Craig *et al.* (1996) et Fleming (2007) soulignent également que, plus la teneur du minerai est faible, plus grande sera la quantité de résidus miniers produits par tonne du métal, et plus important sera le potentiel de contamination. C'est pourquoi, la gestion des stériles est un enjeu important dans l'exploitation d'une mine.

D'après la chaire en éco-conseil (2012), la modification de la topographie des terrains et la dénudation des sols causées par l'extraction minière, influent les taux de ruissellement, d'infiltration et d'évapotranspiration de l'eau et accentuent les risques d'érosion hydrique et de décapage des sols. Cette situation entraine la perturbation du régime hydrologique (Mouvement Mondial pour les Forêts Tropicales, 2004). Ensuite, elle facilite le transport hydrologique de composants pouvant contaminer l'environnement à l'extérieur du site (les métaux lourds, les pesticides...). Elle entraine la modification de la qualité des sols par le lessivage des métaux contenus dans les rejets miniers, par les déversements accidentels de produits toxiques (hydrocarbure, réactifs chimiques, etc.) ou encore par des dépôts de matières particulaires causés par la circulation de véhicules et l'utilisation de diverses machineries (Commission européenne, 2009). Par exemple, en Mélanésie du sud, la décharge massive des stériles a eu des conséquences nocives pour l'environnement, dans les vallées par le ruissellement, engorgeant le lit mineur des cours d'eau, provoquant des inondations dans le lit majeur et recouvrant des terres agricoles fertiles (Dupon *et al.,* 1986).

Les milieux biologiques peuvent souffrir d'une modification de leur environnement physique (Genivar, 2008). Il est estimé que l'extraction minière, jointe à la prospection du pétrole, met en péril 38% des dernières étendues de forêt primaire du monde (Mouvement Mondial pour les Forêts Tropicales, 2004). Ces agressions physiques sur le paysage et la forêt ont des impacts sur la faune. Ainsi, l'extraction minière a un effet sur la faune et la flore par la perte et le morcèlement des habitats disponibles, entraînant à terme une diminution de leur diversité (Chaire en éco-conseil, 2012).

Selon ELAW (2010) et Coquard (2012), il existe quatre sources de pollution atmosphérique les plus importantes, dans les opérations minières: les sources mobiles, les sources fixes, les émissions fugitives et les bruits et vibrations sources importantes de particules, de monoxyde de carbone, des composés organiques volatils, perte de forêts... Par exemple, pour une once d'or, on peut produire jusqu'à une demi-tonne de $CO2$ (Villeneuve, 2012). Norgate et Rankin (2000) estiment à plus de 1 kg de Gaz à Effet de Serre (GES) pour chaque 1 kg de métal produit. Par ailleurs, selon le CUMV (2011), une exposition prolongée aux poussières présentes lors de l'exploitation d'une mine est une source de maladies pulmonaires et cancérigènes chez les mineurs.

Un autre impact de l'exploitation des mines à ciel ouvert d'après ELAW (2010), est la modification de la quantité et de la qualité de l'eau disponible. Par la modification de la topographie du terrain et la pollution, elle modifie localement la forme des bassins versants, mais aussi la répartition de la quantité et de la qualité des eaux de surface et des eaux souterraines. Dudka *et al.* (1997), Aubertin *et al.* (2002), Humphries (2003), Ugo (2006), et Olivier (2009) signalent que le drainage minier acide (DMA) est l'un des importants enjeux pour les écosystèmes. D'après le GEP sur les mines d'uranium du Limousin (2010) et AIEA (2004), la contamination du réseau hydrographique peut être un problème ayant des conséquences néfastes même lorsque la source de contamination aura disparu. En effet, les radionucléides (provenant d'une exploitation minière d'uranium, par exemple) peuvent se déposer dans les sédiments des lacs et des cours d'eau où ils resteront longtemps et d'où ils pourront infecter des animaux et des humains les fréquentant (Rivet, 2013).

Les sites miniers abandonnés et les carrières non réhabilitées représentent des superficies improductives, dangereuses pour les êtres vivants. A titre d'exemple, Berryman *et al.* (2003) ont démontré au Québec, que le site minier Eustis fermé en 1939 génère encore, par manque de réhabilitation, un effluent très acide (pH entre 3,3 et 4,2), plus de soixante ans après la cessation de toute activité minière. Les principaux tributaires de la rivière Massawippi, soit les ruisseaux Eustis et Capel sont fortement acidifiés ainsi que très contaminés par les métaux lourds (Cd, Cu, Fe, Pb et Zn). L'étude précise que le cuivre est le métal le plus problématique sur l'ensemble du complexe minier de Capelton avec une estimation de 20 000 kg qui est lixivié annuellement vers la rivière Massawippi. Ceci se traduit en une concentration du cuivre dans le ruisseau Eustis qui est 2 490 fois plus élevée que les critères pour la protection de la vie aquatique. Ces métaux ont eu des impacts majeurs sur la vie aquatique de ces ruisseaux ainsi que sur la rivière Massawippi au niveau de l'abondance et de la diversité de la biomasse. Dans la zone exposée de la rivière, on remarque une diminution de 70 % du nombre et de 66 % de la biomasse des organismes benthiques par rapport à l'amont de cette même rivière.

Dans le monde, plusieurs techniques de réhabilitation sont utilisées, cependant, elles sont plus ou moins défaillantes. Selon Leclerc (2012), la technique de réhabilitation utilisée par Aliapur en France est celle du pneusol qui consiste à alterner des rangés ordonnées de pneus usés avec de la terre. Toutefois, cette technique peut servir de stabilisateur de pente, mais ne permet pas une reconstitution du couvert végétal. En Australie, la compagnie Alcoa World Alumina a réhabilité des mines exploitées par des espèces de pins et d'eucalyptus, implantées en monoculture et sans restauration de base. Les pentes n'étaient pas niveler, les morts terrains et la terre végétale étaient rependus sans aucun travail du sous sol, tandis que les arbres étaient plantés avec une quantité arbitraire d'éléments nutritifs. Pour ces sites, l'objectif d'utilisation était la production de bois d'œuvre, mais la croissance des arbres y était généralement très faible et beaucoup d'entre eux étaient déracinés et abattus par le vent par le fait d'une carence en élément nutritifs et de l'impossibilité de s'enraciner dans les sols compactés de la mine (Baker *et al.,* 1995). En Grèce, l'entreprise Titan utilise depuis 2005 la technique d'épandage de compost sur les mines restaurées, afin de permettre la reprise de la végétation. Encore en Australie, l'entreprise Golder a réhabilité le site d'une ancienne carrière à l'aide des matières résiduelles, du sol et des briques laissées sur place par l'entreprise Austral Bricks lors de ses anciennes activités (Leclerc, 2012). Topper et Sabey (1986) ont utilisé des boues de station d'épuration urbaines en tant qu'amendement sur une mine à Colorado, pour augmenter la biomasse du sol et favoriser la croissance des plantes. Pourtant, l'utilisation de boues ou de matières résiduelles, qui paraissait être une solution avantageuse, reste limitée du fait de leur concentration souvent élevée en métaux lourds. Elles contiennent aussi beaucoup de constituants humides dont des contaminants organiques, qui peuvent passer dans les plantes et donc dans la chaine alimentaire (Dubourguier, 2001).

L'élaboration d'une stratégie de réhabilitation est indispensable dans la gestion environnementale d'une exploitation minière. Tsiba (2013) note qu'à Moanda (Gabon), l'absence d'une stratégie de réhabilitation des mines de manganèse a causée :

- La présence des excavations non réhabilitées ;

- L'omniprésence des terrils non réhabilités depuis près de 40 ans pour certains ;

- L'appauvrissement des sols. Anciennement arables et végétalisés, les sols exploités sont désormais stériles ou presque, à cause du décapage des terres végétales. Ces sols subissent le phénomène de rhexistasie anthropique c'est-à-dire la difficulté qu'éprouve la végétation à se reconstituer sur un terrain post-minier malgré d'importantes précipitations à l'année (1800 mm/an);

- L'envasement accéléré de la Moulili par des fines boueuses ;

- La dégradation de la flore rivolaire soumise à la sédimentation quotidienne du cours d'eau;

- La contamination de la faune aquatique par des composants manganésifères (bioaccumulation);

  - Et la pollution de la nappe phréatique par l'infiltration des composants manganésifères et quelques métaux lourds tels que le mercure, l'uranium... PNUE (2008), donne également, des exemples de graves effets de l'industrie extractive (causés par une absence de stratégie de restauration) sur l'environnement Africain, parmi lesquels :

➢ Les effets de l'industrie extractive sur l'écosystème dans les réserves forestières de la République démocratique du Congo ;
➢ Les étendues de terres touchées par l'extraction de diamants en Angola, où pour 1 carat de diamant produit plus d'une tonne de terres est déplacées ;
➢ Le manque à gagner pour les exploitants potentiels des terres affectées aux activités extractives à grande échelle dans le district de Wassa West au Ghana (Groupe d'études international sur les régimes miniers de l'Afrique, 2011).

Les gisements de minéraux se retrouvent dans des sites renfermant souvent une biodiversité exceptionnelle. Les impacts sur la flore, la faune, l'air, l'eau et le sol sont donc concrets alors que l'ampleur est difficile à déterminer aussi bien dans l'espace que dans le temps étant donné la complexité des équilibres naturels. C'est pourquoi, l'industrie extractive à ciel ouvert est associée à la déforestation, à l'érosion et la dégradation des sols, à la pollution de l'air et au déséquilibre de l'écosystème. Ce qui fait que les problèmes liés à la restauration des sites miniers sont de plus en plus d'actualité.

2.2 Problématique spécifique

Les problèmes environnementaux (biophysiques et socio-humains) générés par une exploitation minière méritent qu'on s'y intéresse de plus près. En effet, l'exploitation minière a négligé pendant longtemps les impacts que ses activités pourraient avoir sur l'environnement. Ainsi, les sites non aménagés pendant et après l'exploitation sont des sources de problème de santé publique, (Christelle, 2011). Les mines sont souvent abandonnées dans un état fortement perturbé, elles constituent une pollution visuelle et ont des effets dévastateurs sur l'environnement. Elles deviennent des héritages encombrants dont les gouvernements et les communautés se trouvent investis, alors que le promoteur sur d'autres cieux à la recherche de profit. C'est pourquoi, malgré son coût, la restauration des nombreux sites abandonnés dans les pays miniers, nécessite d'être une priorité gouvernementale (Christelle, 2011).

Les stratégies de réhabilitation des mines en Afrique, particulièrement en Guinée sont peu connues. Cela est dû d'une part à un manque d'élaboration d'une EIES avant l'exploitation (à l'exemple de la SMD) et d'autre part à un manque de transparence dans la gestion de l'environnement par des sociétés minières. Le secteur minier Guinéen en est une illustration. Il est marqué par des vastes saignées de mines à ciel ouvert, dont les effluents sont insuffisamment contrôlés, et les parties exploitées n'ont toujours pas été réhabilitées par manque de stratégie de restauration (Ministère des Mines de la Géologie et de l'Environnement, 2002). Ce qui entraîne non seulement une modification des paysages, mais provoque aussi des pollutions par les rejets dans l'atmosphère, dans les eaux et dans les sols. En 1992, les superficies dégradées par l'exploitation minière en Guinée, étaient estimées à 1488 ha dont seulement 363 ha restaurés, soit 24,4%. Bien qu'il n'y ait aucune évaluation exhaustive actualisée, tout laisse à croire que les superficies dégradées sont de plus en plus importantes (Ministère de l'Agriculture, 2007). Les activités minières de la compagnie Rusal de Fria ont démarré depuis 1960 mais le reboisement n'a commencé qu'en 1973 (Bienvenu, 2012). En plus, sur les 658,59 ha exploités, 545,84 ont été reboisés majoritairement par des essences exotiques monospécifiques. Cette technique de réhabilitation réduit non seulement la biodiversité végétale de la zone, et ne freine pas l'érosion du sol (Bienvenu, 2012). Le manque de restauration dans les sites miniers de la zone côtière Guinéenne a provoqué le déversement de boues rouges chargées de soude dans les cours d'eau (Bah, s.d.). Cela a engendré l'envasement des cours d'eau et a provoqué des pollutions, des problèmes de disponibilité d'eau potable et des accidents humains. Ce fait constitue de sérieux problèmes pour la survie de la diversité biologique et des populations riveraines.

Une mine et ses installations de traitement du minerai et de gestion des résidus et des stériles ne restent en activité que durant quelques décennies. Cependant, les excavations, les résidus et les stériles d'une mine peuvent subsister longtemps après la cessation de l'exploitation. La SMD n'étant pas en marge de ces problèmes, alors une attention particulière doit être accordée à une fermeture, une réhabilitation et un entretien pendant l'exploitation, avant et après fermetures appropriés de ces installations. C'est dans le but d'apporter notre contribution à ces problèmes aussi importants, que nous avons proposé dans cet essai un plan d'aménagement des mines exploitées par le phytomanagement. Ce plan est composé de considérations préliminaires à l'aménagement et d'un reboisement par les espèces à croissance rapide, fruitières et locales. Ce qui permettra d'élaborer une stratégie de restauration des mines à la SMD, tout en comblant les insuffisances des autres méthodes utilisées ailleurs.

Pour atteindre ce but, nous nous sommes fixés les mandats suivants :

2.3 Mandats

2.3.1 Mandat général

Elaborer une méthode de réhabilitation environnementale des mines à ciel ouvert à la SMD.

2.3.2 Mandats spécifiques

➢ Caractériser l'état actuel des mines à la SMD.
➢ Proposer une méthode de gestion environnementale pour la réhabilitation des mines à la SMD, par le phytomanagement.

CHAPITRE II

MÉTHODOLOGIE

Ce chapitre traite des différentes démarches suivies pour la caractérisation de l'état actuel des mines à la SMD et la proposition d'une méthode de gestion environnementale pour la réhabilitation de ces mines, par le phytomanagement. Il définit les avantages de l'utilisation du phytomanagement dans la réhabilitation ainsi que les différentes espèces choisies pour l'aménagement.

2.1 La recherche documentaire

Elle a été réalisée dans la bibliothèque du Centre d'Étude et de Recherche en Environnement (CÉRE), dans les archives du Ministère de l'Environnement, des Eaux et Forêts, du Ministères des Mines et Géologie, du Bureau Guinéen des Études et Évaluation Environnementale (BGÉEE), de la SMD et sur l'Internet. Cette recherche documentaire nous a permis de cerner la problématique et l'impact lié à l'exploitation des mines à ciel ouvert sur l'environnement, ainsi que les différentes méthodes de réhabilitation par le phytomanagement.

2.2 La collecte de données de terrain

Pour atteindre nos objectifs, une première visite de terrain a été faite, afin d'établir les contacts et cerner les problèmes ainsi que les personnes ressources qui pourraient être utiles à la réalisation de cette étude. Cela nous a permis de choisir la méthode d'enquête et mieux affuter les outils de collecte de donnés (guides d'entretien et grilles d'observation), (voir annexe 1, 2, 3, 4 et 5). Cette méthode a consisté à l'organisation d'une série d'entretiens avec la communauté (les autorités locales et certains ménages) et la SMD (le département des mines et celui de la SSE). Le tout doublé d'une observation directe.

Pour permettre à chaque informateur de s'exprimer librement, nous avons choisi l'échantillonnage stratifié, qui s'explique par la typologie et le statut des informateurs. Ainsi, nous avons organisé des entretiens auprès de cinquante huit (58) individus dont deux (2) élus locaux de la CR de Lero (le président de la CR et son adjoint), quatre (4) élus locaux des quatre villages proches du site minier, deux(2) cadres de la SMD (le responsable du département mines et celui de la section réhabilitation de la SSE), vingt cinq (25) travailleurs de la SMD, vingt cinq (25) ménages, de la CR de Lero et des quatre villages proches du site minier (dont 5 ménages par district). Ces différents entretiens ont été réalisés à l'aide de guides d'entretien (voir annexe 1, 2, 3 et 4). De même des observations directes ont été effectuées sur le terrain, avec des grilles d'observation (voir annexe 5).

Cette collecte de données de terrain, a été réalisée au cours d'un stage d'un mois à la SMD, ce qui nous a permis de poser un diagnostic et proposer une méthode d'intervention à travers les mandats spécifiques que nous nous sommes fixés.

2.2.1 Caractérisation de l'état actuel des mines à la SMD

Ce premier mandat consiste à faire l'état des lieux à travers des entretiens et observations réalisés sur le terrain. Ensuite, exposer les problèmes environnementaux observés au cours de ce stage. Pour atteindre ce mandat, nous avons mis à contribution les présidents des districts, le président de la CR de Lero et son adjoint, certains citoyens de Lero et des quatre districts limitrophes de la SMD, le responsable du département mines, celui de la section réhabilitation de la SSE et les travailleurs de la SMD. Le tout doublé d'une observation directe sur le terrain. Les outils utilisés à cet effet ont été des guides d'entretien individuels et collectifs ainsi que des grilles d'observation préalablement élaborés (voir annexe 1, 2, 3, 4 et 5). Les principales questions tournaient autour des points suivants :

- La méthode d'exploitation ;

- Le nombre de mines en activités ;

- Le nombre de mines exploitées ;

- Le nombre de mines réhabilitées, ou le degré de réhabilitation et les types de réhabilitation ;

- Les problèmes environnementaux rencontrés par la communauté locale.

L'ensemble de ces problèmes recueillis à la suite de nos investigations nous ont permis de faire des ébauches de solutions qui ont permis de proposer une méthode de gestion environnementale pour la réhabilitation des mines à la SMD. Nos critères ont privilégiés les intérêts présents et futurs (pendant et après l'exploitation minière) de la communauté locale.

2.2.2 Proposition d'une méthode de gestion environnementale pour la réhabilitation des mines à la SMD, par le phytomanagement

Ce mandat consiste à fournir un schéma d'aménagement adéquat des mines à la SMD conformément aux dispositions légales et réglementaires de la République de Guinée :

✓ Selon l'article 82 du code de l'environnement, qui dispose :

Lorsque des aménagements, des ouvrages ou les installations risquent, en raison de leur dimension, de la nature des activités qui y sont exercées ou de leur incidence sur le milieu naturel de porter atteinte à l'environnement, le pétitionnaire ou maitre de l'ouvrage établira et soumettra à l'autorité ministérielle chargé de l'environnement, une étude d'impact permettant d'évaluer les incidences directes ou indirectes du projet sur l'équilibre écologique guinéen, le cadre et la qualité de vie de la population et les incidences de la protection de l'environnement en général.

✓ Et le chapitre VII du code minier qui est entièrement consacré aux dispositions relatives à la protection de l'environnement et de la santé, ainsi que la fermeture et la réhabilitation des sites d'exploitation.

Ainsi, à la suite de l'analyse des résultats du premier mandat, nous avons posé un diagnostic et proposer une méthode d'intervention. La méthode phytomanageriale par les espèces à croissance rapide, fruitières et locales a été celle proposée, par sa prise en compte des problèmes environnementaux à la SMD et son obéissance aux lois et règlements de la République de Guinée.

Le « **phytomanagement** » est la gestion des sols par les plantes. Il intervient dans la résolution des problèmes d'érosion, de dépollution et de reconstitution des sols (phytostablisation, phytoextraction et phytoremediation). Il est prometteur sur le plan technique, économique et juridique (Dubourguier *et al.,* 2011).

❖ **Avantages de la méthode de réhabilitation choisie**

Cette méthode de réhabilitation phytomanageriale, présente de nombreux avantages et peut intervenir comme une alternative de techniques de remédiation physico-chimiques. C'est une technique respectueuse de l'environnement et applicables sur des grandes surfaces (Cunningham *et al.,* 1996, Jabeen *et al.,* 2009). Elle contribue à l'amélioration des paysages dégradés et est, de ce fait, facilement acceptée par les populations concernées (Smits, 2005). En tant que méthode *in situ,* elle maintient le fonctionnement biologique des sols (Mench *et al.,* 2009) et préserve, voire augmente la biodiversité (Regvar *et al.,* 2006). Elle réduit les risques d'érosion hydrique ou éolienne, et évite donc la dispersion des éléments de traces métalliques. Elle assure la dépollution du sol (Dubourguier *et al.*, 2001). Un autre avantage réside dans la séquestration du carbone atmosphérique (puits de carbone) (Dickinson *et al.*, 2009, Robinson *et al.*, 2009). Le coût de cette technique est plus faible que les techniques traditionnelles, ce qui représente un avantage majeur (Pohu, 2011).

❖ **Avantages particuliers des différentes espèces choisies**

Les espèces locales : l'avantage particulier de ces espèces réside dans la préservation de la continuité du paysage avoisinant. Elles font partie du patrimoine culturel et ethnobotanique de la population locale. Elles présentent une plus grande tolérance aux stress environnementaux, maladies et aux insectes. Elles ont une résistance plus élevée, puisqu'elles sont adaptées au milieu. Ces essences seront choisies parmi les espèces floristiques inventoriées durant le stage (voir chapitre III).

Les espèces fruitières : les fruits de ces espèces seront utilisés par la communauté. Cela permettra de diversifier les sources de vitamines par la communauté. Elle peut être aussi une source de profit pour la communauté. Cela sera un atout majeur qui permettra à la communauté locale de s'investir dans la gestion et la protection des forêts reboisées. Les espèces suivantes seront utilisées : Les manguiers (plusieurs variétés), les Orangers, les goyaviers et les avocatiers.

Les espèces à croissance rapide : qui offrent une possibilité de croissance plus rapide et facilitent l'existence d'un micro climat dans la zone. Elles accumulent les métaux lourds pour extraire les métaux toxiques du sol (pour transporter et concentrer les métaux du sol dans les parties des racines récoltables et les parties aériennes) et produisent une biomasse importante (Dubourguier *et al.*, 2001). Elles seront une source de bois de chauffe à court et moins terme pour la communauté. Elles constituent ainsi une garantie de protection des essences locales. Les espèces suivantes seront utilisées : le melina (*Gmelina arborea*) et les acacias à croissance rapide (*Acacia mangium et Acacia auriculiformis*).

Cette association d'espèces nous permet d'éviter les ravages causés par une épidémie et diversifie l'habitat, diversifiant ainsi la faune du site (Guide de restauration des carrières et sablières réalisé par le gouvernement du Québec, 2012).

CHAPITRE III

ZONE D'ESSAI

Ce chapitre fait une brève présentation géographique de la zone de l'essai, du milieu physique et humain avec leurs différentes interactions socio-économiques.

3.1 Présentation géographique de la zone

La SMD est une société anonyme qui a pour activité l'exploration et l'exploitation de l'or. La superficie de sa concession s'élève à 2.552 km² (Nord Gold, 2011). Ces mines se situent dans la préfecture de Siguiri, dans la sous préfecture de Siguirini, plus précisément, dans la CR de Lero. Lero est situé au Sud Ouest du chef lieu de la sous préfecture, limité à l'Est par le district de Mankadjan, à l'Ouest par le district de Sokoro, au Nord par la préfecture de Siguiri, au Sud par le district de Diguiling et la sous préfecture de Banora de la préfecture de Dinguiraye. Il couvre une superficie de 70 km².

3.2 Milieu physique

3.2.1 Climat

Il appartient à la zone climatique soudanaise, caractérisée par l'alternance de deux saisons :

Une saison pluvieuse qui dure de Mai à Octobre et une saison sèche de Novembre en Avril. Les données climatiques illustrant les conditions locales, relevées sur les stations de Siguiri et de Dinguiraye 1993 à 2002 donnent :

> La pluviométrie moyenne annuelle est proche de 1500 mm pour des maxima de 2200 mm; et des minima de 110 mm. Les précipitations abondantes sont observées pendant les mois de Juillet, Août et Septembre.

> L'humidité relative moyenne : l'humidité relative la plus élevée est de 98% au mois de Septembre et un minimum de 18% au mois de Janvier et Février avec une moyenne annuelle de 58%.

> Les températures minimales sont enregistrées en Décembre et Janvier et oscillent entre 15°c et 24°c, celle maximale au mois de Mars et Avril est comprise entre 29°c et 37°c.

Les deux vents dominants de la zone sont : l'harmattan vent fort et orienté de l'Est vers l'Ouest et la mousson soufflant fortement de l'Ouest vers l'Est.

3.2.2 Flore

La végétation de Lero est de type savane arborée, qui laisse place à des vastes plateaux, latéritiques, herbeux. Les formations végétales les plus caractéristiques sont herbacées dans les plaines et plateaux, dans lesquelles sont disséminés des arbustes et arbrisseaux. Le long des cours d'eaux, on y trouve des galeries forestières. Les principales espèces végétales rencontrées sont : *Morinda geminata, Combretum glutinosum, Bombax costatum, Daniellia oliveri, Parkia biglobosa, Monotes kerstingii, Entada africana, Pennisetum pedicellatum, Deterium microcarpum, Gardenia ternifolia, Prosopis africana, Strychnos spinosa, Piliostigma thonningui, Anacardium occidentale, Albizzia zygia, Securidaca longipedunculata, Isobernia doka, Nauclea latifolea* (voir annexe 6 pour les détails).

3.2.3 Faune

La faune de Lero qui, était constitué d'hypotraque, cob de fassa, singe, chimpanzé, cynocéphale, phacochère, les oiseaux et les reptiles sont devenus de plus en plus rares dans la zone.

3.2.4 Hydrographie

Le site de Lero appartient au bassin hydrographique de Tinkisso, environ 40 km au Sud du prospect minier. Cette partie appartient en partie au haut bassin d'affluents secondaires du Niger. Les vallées environnantes du site ne présentent que de surfaces sporadiques étroitement dépendantes des épisodes pluviaux majeurs de la saison des pluies, c'est le cas du fleuve Karta qui passe à proximité du gisement de Lero. Ces écoulements de surfaces, confluent vers le Boukha situé à 25 km de Lero, ils ont un régime torrentiel et présentent de forts débuts de crues. Toute fois ils s'assèchent trois à quatre fois par an.

3.2.5 Sols

Les différents types de sols rencontrés à Lero sont: les sols ferralitiques, les sols minéraux bruns, les sols hydromorphes, les sols marécageux et les vertisols (Kouyaté *et al.*, 2011).

3.2.6 Caractéristiques géologiques de la zone

Il y a deux principaux types de gisements dans cette zone: la minéralisation latéritique et la minéralisation liée aux veines de quartz. Le premier se produit comme des bandes de colluvions ou comme des paléochaînes de graviers latéritiques alluvionnaires contigus. La minéralisation liée aux veines de quartz est abritée dans des méta-sédiments avec la meilleure minéralisation associée aux stockweirks. Elle se produit de préférence dans les silstones et les grès plus grossiers et cassants. Les roches minéralisées ont été profondément altérées au dessous de 100 m par endroits pour former la minéralisation à saprolite. (Anglogold Guinée, 2007).

3.2.7 Relief

Le relief de Lero est peu prononcé, la dénivellation ne dépasse pas 200 m. Les intrusions dolertiques forment les masses arrondies de roches très dures culminant vers 650 m d'altitude, tandis que les fonds de vallée avoisine 450 m d'altitude.

3.3   Cadre Humain

3.3.1   Contexte socio-économique

La population de Lero est estimée à 18004 habitants, (recensement général de la population 2008). Ce district étant une zone d'accueil, plusieurs groupes ethniques sont représentés. Cependant, la population autochtone est principalement constituée de Maninka, Djalonka et Peuls. Ces trois ethnies autochtones (Maninka, Djalonka et Peuls) pratiquent l'agriculture, l'exploitation artisanale de l'or (l'orpaillage) l'élevage, et le petit commerce.

a) Agriculture

L'agriculture est la principale activité de la population autochtone de Lero. L'agriculture est extensive et sa production ne couvre ainsi pas toute la CR. Les cultures pratiquées sont essentiellement des légumes, des tubercules, du maïs, du mil, du sorgho, du fonio et de l'arachide.

b) Exploitation artisanale de l'or

L'exploitation artisanale de l'or est la deuxième activité exercée par la population, après l'agriculture. L'or qu'elle extrait est souvent vendu sur place. Cette activité se pratique de façon artisanale dans les mines d'or et sur les périmètres d'exploitation de la SMD.

c) Élevage

L'élevage pratiqué à Lero concerne les bovins, les ovins, les caprins et les volailles. C'est un élevage de type extensif. Si cette activité et l'agriculture furent les principales activités traditionnelles de la population, elles ont considérablement baissé d'intensité au profit de l'orpaillage.

d) Commerce

Le commerce est beaucoup pratiqué et est rentable à cause du grand nombre de travailleurs de la SMD résidant dans la localité. Ce qui fait que le marché de Lero est le plus grand dans la sous préfecture de Siguirini.

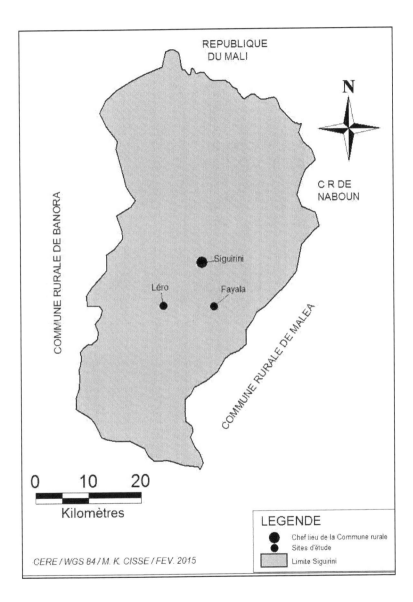

Figure 3.1 : Présentation de la zone d'essai.

CHAPITRE IV

PRÉSENTATION DES RÉSULTATS

Ce chapitre présente les résultats de l'essai, qui porte essentiellement sur l'état actuel des mines à la SMD et la méthode de gestion environnementale proposée, pour la réhabilitation de ces mines à ciel ouvert.

4.1 État actuel des mines à la SMD

La caractérisation de l'état actuel des mines à la SMD a porté sur les points suivants:

- La méthode d'exploitation.

- Le nombre de mines en activités.

- Le nombre de mines exploitées.

- Le nombre de mines réhabilitées, ou le degré de réhabilitation et les types de réhabilitation.

- Les problèmes environnementaux rencontrés par la communauté locale.

4.1.1 Méthode d'exploitation

La méthode d'exploitation de l'or à la SMD est celle d'exploitation à ciel ouvert à l'aide des engins lourds. En effet, le principal désavantage de cette méthode est qu'elle entraîne la destruction totale du couvert végétal, ayant pour conséquence la suppression des habitats fauniques présents en surface.

4.1.2 Nombre de mines en activité

Il existe six mines en activité à la SMD, à savoir:

Les mines de Lero, de Karta, de Fayalala, de Bofeko, de Camp de Base et celle de Kankarta centre, occupent une superficie totale de 69,5 ha. Ces mines en opération, sont reparties en deux zones qui sont connectées chacune par un convoyeur de la zone minière jusqu'à la zone de traitement (zone d'enrichissement) qui est située à proximité des mines de Fayalala. Voir tableau 4.1.

Tableau 4.1

Les mines en activité à la SMD

	Mines	Superficie (ha)	Superficie (%)
Zone 1	La mine de Lero	11	16
	La mine de Camp de Base	7,5	11
	La mine de Karta	13	19
Zone 2	La mine de Fayalala	19	27
	La mine de Bofeko	6	8
	La mine de Kankarta centre	13	19
Total	6	69,5	100

4.1.3 Nombre de mines exploitées, leur degré de réhabilitation et les types de réhabilitation

Les cinq mines exploitées à la SMD sont: La mine de Banko nord, de Banko sud, de Kankarta est et ouest et celle de Pharmacy (voir tableau 4.2). Parmi ces cinq (5) mines, seule la mine de Pharmacy (qui couvre une superficie totale de 3,7 ha soit 7% de la superficie totale des mines inactives) est entrain d'être remblayée. Alors que les réserves des autres mines sont également épuisées, mais aucun travail de remblaiement n'est encore fait par la SMD (voir tableau 4.2).

Tableau 4.2

Le statut des mines exploitées à la SMD

Nombre	Mines	Statut	Reboisement (ha)	Superficie (ha)	Superficie (%)
1	Pharmacy	Remblayée	0	3,5	7
2	Banko nord	Inactive et non remblayée	0	7,5	15
3	Banko sud	Inactive et non remblayée	0	7,2	14
4	Kankarta est	Inactive et non remblayée	0	21,7	43
5	Kankarta ouest	Inactive et non remblayée	0	10,6	21
	Total		0	50,5	100

4.1.4 Problèmes environnementaux rencontrés par la communauté locale liés à l'exploitation minière

Les différents problèmes environnementaux observés sur le terrain pendant le stage et leurs suivis à la SMD, sont consignés dans le tableau ci-dessous :

Tableau 4.3

Problèmes environnementaux rencontrés par la communauté locale liés à l'exploitation minière et leurs suivis environnementaux à la SMD

Caractérisation des problèmes environnementaux	Suivis environnementaux
Destruction de l'écosystème	Applicable
Erosion et sédimentation	Non disponible
Emission de bruit et de poussière	Applicable
Présence de contaminants dans les sols	Non disponible
Qualité des eaux de surface	Applicable
Exposition de la population	Non disponible

a) Destruction de l'écosystème

La prospection, les activités entre autres, d'ouverture des voies d'accès aux mines de la SMD et d'extraction de minerais constituent des activités destructrices de l'écosystème forestier (voir figure 7.3 dans l'annexe 7). Cette déforestation cause la destruction d'habitats de milliers d'espèces animales, souvent condamnées à disparaître. Dans la zone de Karta par exemple, certaines espèces floristiques détruites par les activités minières de la SMD, figurent sur la liste nationale des espèces menacées et vulnérables de l'UICN (voir tableau 4.4). Dans la même zone, certaines espèces fauniques extirpés, menacées ou en voie de disparition de l'UICN ont été également disparues, dues à la destruction de leur habitats (voir tableau 4.5).

Tableau 4.4

**Liste de certaines espèces menacées et vulnérables de l'UICN, détruites par
l'exploitation minière de la SMD (Kouyaté *et al.*, 2011)**

Espèces menacées	Espèces vulnérables
Afzelia africana (lènkè)	*Raphia sudanica* (Rafia)
Khaya senegalensis (caïlcedrat ou djala)	*Combretum micrantum* (Kankaliba)
Mitragyna stipulosa (popo)	*Cassia sieberiana* (cassia)
	Ceiba pentandra (fromager ou bandan)
	Cola laterifolia (Colantaba)
	Lophira lanceolata (Manna)

Tableau 4.5

Liste des espèces fauniques extirpées, menacées ou en voie de disparition de l'UICN, disparues par la destruction de leurs habitats à la SMD (Kouyaté *et al.*, 2011)

Espèces extirpées	*Kobus ellipsiprymnus* (sensé). *Sincerus caffer caffer* (sii).
Espèces menacées	*Cerphalophus rufilatus* (condanin). *Tragelaphus scriptus* (mina). *Erythrocepus patas* (soulaoulen). *Cerocopithecus scriptus* (soullagbè). *Crocodylus niloticus* (Bamba).
Espèces en voie de disparition	*Phacocerus erythropus* (lèe).

b) Érosion et sédimentation

Les haldes à stériles qui entourent les mines et les sites exploités non aménagés sont sujets à l'érosion hydrique. Pendant l'hivernage, les sédiments sont emportés par le ruissellement vers les cours d'eaux, dans certains cas dans les champs.

c) Émissions de bruit et de poussière

Les activités de concassage, de dynamitage, le passage des camions lourds, le chargement et le déchargement sont des sources de bruits et de poussières liées à l'exploitation minière de la SMD. A titre d'exemple, le rapport du mois d'avril du laboratoire environnemental de la SMD, démontre que les activités de concassages émettent de la poussière au delà des normes de l'OMS (**5 mg/m³**), (voir tableau 4.6).

Tableau 4.6

**Rapport mensuel du laboratoire environnemental de la SMD sur la qualité de
l'air du concasseur Karta au mois d'avril 2014**

Concentration moyenne (mg /m^3)	
Sur une période de 6 h 56 mn	Sur une période de 8 h 00 mn
8,74	10,08

d) Présence de contaminants dans les sols

Les contaminants observés sur le site de la SMD pendant le stage (voir figure
7.4 dans l'annexe 7) sont consignés dans le tableau ci-dessous :

Tableau 4.7

Présence de contaminants dans les sols

	Polluants		
Sols	Hydrocarbures	Eaux cyanurées	Lixiviats issus de stériles
	+	+++	+++

Légende :

+++ : Très fortement contaminé. + : Cas de contamination faible.

e) Qualité des eaux de surface

L'étude de la qualité des eaux de surface se trouve résumé dans le tableau
ci-après :

Tableau 4.8

Résultats d'analyses des paramètres physico-chimiques des eaux de surface dans le mois de février 2014 (laboratoire environnemental de la SMD)

Lieu	PH	Cond	Temp	TDS	CN⁻	Turb	Fréquence
		mg/l	^{0}C	mg/l	mg/l	NTU	/mois
Sig	7,55	180,2	27,13	90,1		49,57	3
Lero	7,37	222,27	29,23	111,1		43,93	3
Car Lak	6,66	97,38	28,08	48,39	0	81,5	10
BD	8,85	997,33	29,77	446,3	0,02	184,7	3
TSF	9,25	1660	29	830	0,5	149	1

Tableau 4.9

Directives de l'OMS

Paramètres	Unités	Directives
PH		6,5 à 8,5
Cond	mg/l	0 à 400
Temp	^{0}C	0 à 25
TDS	mg/l	500
CN⁻	mg/l	0,07
Turb	NTU	0 à 4

Commentaires :

- La turbidité et la température de toutes les eaux de surfaces sont élevées, par rapport aux normes de l'OMS ;
- Le pH et la conductivité du parc résiduel et du lac BD sont élevés par rapport aux normes de l'OMS ;

- La présence du cyanure et d'un taux élevé de substance dissout dans le parc résiduel et le lac BD sont ressortis ;
- Le taux de cyanure est élevé dans le parc résiduel (lac cyanuré) par rapport aux normes de l'OMS.

Sans pour autant obtenir tout les rapports des analyses chimiques, ce tableau nous enseigne qu'aucune de ces eaux de surface n'est buvable par des animaux. Le parc résiduel (qui est sans barrière de sécurité) et le lac BD sont dangereux pour les Hommes et les animaux.

f) Exposition de la population

La communauté de Siguirini et les travailleurs de la SMD, sont exposés aux problèmes environnementaux consignés dans le tableau ci-dessous :

Tableau 4.10

Exposition de la population

Eléments	Exposition de la population		
	Elevée	Moyenne	Faible
Poussière	X		
Bruit	X		
Hydrocarbure			X
Cyanure		X	
Lixiviats de stérile	X		
Chute liée aux excavations	X		

D'une part en tenant compte des problèmes environnementaux cités dans ce mandat, d'autres part, le non respect de l'article 82 du code de l'environnement à la SMD par le manque de réalisation d'une EIES et le non respect du chapitre VII du code minier, la réhabilitation des mines à ciel ouvert. Nous avons proposé un schéma d'aménagement des sites miniers exploités.

4.2 Méthode de gestion environnementale proposée pour la réhabilitation des mines à la SMD

À la suite de l'analyse des résultats du premier mandat, nous avons proposé une méthode de réhabilitation des mines à ciel ouvert de la SMD, qui prend en compte les problèmes environnementaux énumérés. Cette analyse nous a amené à penser au phytomanagement, par les essences à croissance rapide, fruitières et locales (voir figure 4.1).

4.2.1 La démarche à suivre pour l'aménagement

Cette méthode d'aménagement comprend deux étapes :

-Les considérations préliminaires à l'aménagement ;

-Et la reconstitution du couvert végétal.

➢ **Les considérations préliminaires à l'aménagement**

Elles comprennent les travaux de restauration de base. Ces travaux sont composés de trois actions: le **nettoyage du site**, le **régalage du site** et la **reconstitution du sol**.

Le nettoyage du site consiste à enlever tous les débris et matières résiduelles restant sur le site avant de procéder à l'étape du régalage, car le site restauré doit être libre de toutes matières résiduelles.

Le régalage du site consiste à adoucir les pentes et niveler le terrain afin d'éviter les accidents et d'augmenter la sécurité du site, en plus de faciliter les aménagements par la suite. De plus, la stabilisation des pentes du site permet de contrôler l'érosion (évitant ainsi le ruissellement), l'apport en sédiments des étendues voisines et les émissions potentielles de poussières (Renaud, 2000). L'adoucissement des pentes et le nivellement du site redonnent un aspect naturel au terrain propice à la revégétalisation du site (Ministère de l'Environnement du Québec, 1984).

Ensuite, l'étape suivant le régalage du site est **la reconstitution du sol** à l'aide de matières nutritives, pour permettre une reprise de la végétation. Les terres de découverte et le sol végétal retirés du site pour les activités d'extraction peuvent être gardés, afin de les réutiliser lors de cette reconstitution du sol (selon une technique dite du retour direct). Cette technique du retour direct favorise l'introduction dans le sol d'éléments nutritifs, de matières organiques et de micro-organismes utiles. Mais, il faut signaler que, ces terres de découverte et le sol végétal ne doivent pas être mélangés puisqu'ils seront inutilisables pour la restauration. Il faudra à ce moment reconstituer le sol de surface à l'aide d'autres matières nutritives afin que les végétaux puissent croître normalement. Le sol doit être par la suite aéré afin d'éviter la compaction et permettre un apport d'air à la surface du sol où se retrouvent les microorganismes aérobies pour permettre une revégétalisation rapide. Une fois ces matières nutritives remises en place, on dépose dans les zones exploitées quelques souches, troncs d'arbres et roches qui serviront d'habitat à la faune avant la reconstitution du couvert végétal.

> **La reconstitution du couvert végétal**

La reconstitution du couvert végétal permet la réintégration d'anciens sites d'exploitation minière dans l'environnement naturel (Ministère de l'Environnement du Québec, 1984). Après l'étape précédente, c'est la transplantation des plants des différentes espèces choisies sur le site à reboiser. Cette opération doit être effectuée au début de la saison pluvieuse.

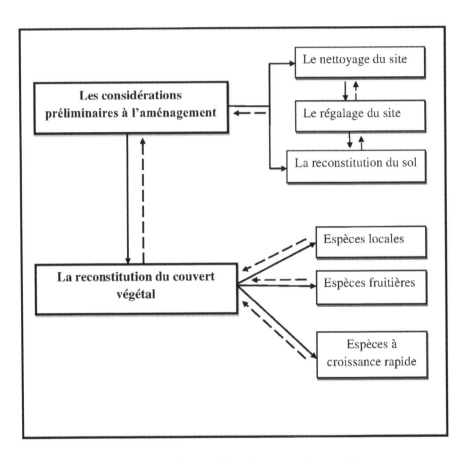

Figure 4.1 : Schéma de la méthode d'aménagement proposé.

CONCLUSION ET RECOMMANDATIONS

Depuis plus de 7 ans, les mines sont en exploitation dans la CR de Lero. À cet effet, certaines d'entre elles ne sont plus en activité, elles présentent cependant, des excavations à ciel ouvert non restaurées. Ceci représente donc des problèmes environnementaux et sociaux.

Cet essai répond à l'objectif fixé, soit d'élaborer une méthode de réhabilitation environnementale des mines à ciel ouvert à la SMD. Cette méthode de réhabilitation par les espèces locales, les espèces fruitières et celles à croissance rapide, est l'une des méthodes de phytomanagement la plus adaptée pour compenser le déboisement, l'érosion et le DMA. Elle contribue à la séquestration du carbone atmosphérique. Elle est moins coûteuse, applicable sur des grandes surfaces et permet de reconstituer le sol tout en conservant l'humidité *in situ*.

Cette association d'espèces permet évidemment, d'éviter les ravages causés par une épidémie et diversifie l'habitat, diversifiant ainsi la faune du site. En plus de sa fonction phytomanageriale, cette association d'espèces assure, particulièrement :

- La préservation et la continuité du paysage avoisinant, et maintien le patrimoine culturel et ethnobotanique de la population locale ;

- L'utilisation des fruits par la communauté, non seulement pour la consommation locale, mais aussi pour quelques valeurs économiques ;

- La production d'une biomasse importante, qui servira de bois de chauffe à court et moyen terme pour la communauté ;

Ces avantages particuliers présentent un atout majeur qui permettra à la communauté locale de s'investir dans la gestion et la protection des forêts reboisées.

À part le contexte particulier des mines à ciel ouvert de la SMD, cette stratégie de gestion environnementale proposée s'appliquerait à tout autre site présentant des problématiques similaires.

Cependant, nous n'avons nullement la prétention d'avoir épuisé ce sujet vaste, complexe et intéressant.

C'est pourquoi, après avoir caractérisé l'état actuel des mines à la SMD et proposer une méthode de gestion environnementale pour la réhabilitation des mines à ciel ouvert à la SMD, par le phytomanagement, nous recommandons :

- Le renforcement des capacités des autorités et représentants de l'administration, dont la mission est de veiller à la réhabilitation des mines à ciel ouvert à la SMD;

- La vulgarisation de la formation, la sensibilisation et l'information à travers l'éducation relative à l'environnement de la population locale de Lero et des exploitants des mines à ciel ouvert de la SMD ;

- La restauration des mines exploitées à la SMD par le système phytomanagement, en utilisant les essences à croissance rapide, les essences fruitières et celles locales ;

- L'intégration de la stratégie de réhabilitation proposée dans la restauration des futures mines de la SMD;

- L'implication de la population locale de Lero, dans la réhabilitation, la gestion et la conservation de l'écosystème des zones reboisées;

- La vulgarisation de l'utilisation des espèces à croissance rapide, fruitières et locales à travers la formation, la sensibilisation et l'information dans la réhabilitation phytomanageriale des mines à ciel ouvert.

LISTE DES REFERENCES

Agence Internationale de l'Energie Atomique (2004). *The long term stabilization of uranium mill tailling*. Vienne, AIEA, 309p.

Anglogold, A. (2007). Rapport sur le pays Guinée (Siguiri). n°7. 36 p.

Aubertin, M., Bussiere, B. et Bernier, L. (2002). Environnement et gestion des projets miniers: Manuel sur cédérom. Montréal: Presses international polytechniques.

Bah, M. (s.d). *Rapport sur la mise en œuvre du programme sur la biodiversité marine*. Rép. Guinée. 56 p.

Baker, S.R., Gardner, J.H. et Ward, S.C. (1995). Bauxite mining environmental management and rehabilitation practices in Western Australia. Dans *Proceedings of the Australian Institute of Mining and Metallurgy, World's Best Practice in Mining and Mineral Processing Conference*. Sydney, Australie, 17-18 mai 1995.

Bienvenu, M.C. (2012). *Incidence de l'exploitation minière sur la biodiversité végétale d'une concession de Rusal à Fria*. Mémoire présenté comme exigence partielle du diplôme de *master* en sciences de l'environnement au Centre d'Etude et de Recherche en Environnement. Université de Conakry, 83p.

Chaire en éco-conseil (2012). L'industrie minière et le développement durable. Document de travail. Université du Québec à Chicoutimi, 71 p.

Christelle, V. (2011). Valeur écologique et économique d'un ancien site minier restauré. Centre Universitaire de Formation en Environnement. Université de Sherbrooke, Montréal, Québec, Canada.

Committee on Uranium Mining in Virginia (2011). *Uranium mining in Virginia:Scientific, technical, environmental, human health and safety, and regulatory aspects of uranium mining and processing in Virginia, Washington. The National Academies Press, 289 p.*

Commission Européenne (2009). Gestion des résidus et stériles des activités minières. Bruxelles, Commission Européenne, 632p.

Coquard, A. (2012). Exposition aux poussières provenant d'une mine à ciel ouvert. Evaluation des risques et biodisponibilité des métaux. Essai présenté comme exigence partielle de l'obtention du grade de maîtrise en environnement (M. Env.). Centre Universitaire de Formation en Environnement, Université de Québec à Montréal, Canada.

Craig, J. R., Vaughan, D.J. et Skinner, B.J. (1996). *Resources of the earth. Origin. Use, and Environmental impacts. Second edition, New jersey: Prentice –Hall, inc. 472pp.*

Cunningham, S.D., and. Ow, D.W. (1996). *Promises and prospects of phytoremediation. Plant Physiol. 110: p. 715-719.*

Czajkowski, P., Jamison, A., Winfield, M., Wong, R. (2006). *Nuclear power in Canada: An examination of risks, impacts and sustainability. In The Pembina Institute. [En ligne]. Accès:*

http://www.pembina.org/pub/1346 (Page consultée le 5 février 2013).

Dickinson, N., Baker, A., Doronila, A., Laidlaw, S., Reeves, R. (2009). *Phytoremediation of inorganics: realism and synergies. International Journal of Phytoremediation; 11: 97-114.*

Dubourguier, H. Logeasy, C. Petit, D. Deram, A. (2001). Le phytomanagement, Eléments de synthèse. Pôle de compétence sites et sédiments pollués. Lille.

Dudka, S. et Adriano, D.C. (1997). *Environmental Impacts of Metal Ore Mining and Processing: a review, journal of Environmental Quality, vol. 26: 590-602.*

Dupon, J.F. Programme Régional Océanien de l'Environnement et Commission du Pacifique Sud (1986). *Les effets de l'exploitation minière sur l'environnement des iles hautes: le cas de l'extraction du minerai de nickel en Nouvelle-Calédonie.* Environnement : Etudes de cas. Pacifique étude sud 1.

Environmental Law Alliance World Wide (2010). Guide pour l'évaluation des EIE de projets miniers. Environmental Law Alliance World Wide édition, Eugene (Etats Unis d'Amérique), 130p.

Fernando. A. (2012). *La mine à ciel ouvert : impacts environnementaux, ou une empreinte écologique irrémédiable.Quisetal (*coalition québécoise sur les impacts sociaux environnementaux des transnationales en Amérique latine)[quisetal.org], http://quisetal.org/la-mine-a-ciel-ouvert-impacts-environnementaux-ou-une-empreinte-ecologique-irremediable/

Fleming, D. (2007). *The learn guide to nuclear energy: A life cycle in trouble. Londres, the learn economy connection,* 50p.

Genivar (2008). Projet Minier Aurifère Canadien Malartic: Etude d'impact, rapport principal, partie 3 de 3. Pagination diverse p.

Groupe d'Expertise Pluraliste sur les mines d'uranium du Limousin (2010). *Recommandations pour la gestion des anciens sites miniers d'uranium en France* : Des sites du Limousin aux autres sites, du court aux moyens et longs termes. In Autorité de Sûreté Nucléaire. [En ligne]. Accès : http://www.gep-nucleaire.org/gep/sections/travauxgep/rapports/rapport_final_du_gep/down loadFile/file/ RapportGEP-Misenligne_17.09.10. PDF (Page consultée le 28 avril 2013).

Groupe d'études international sur les régimes miniers de l'Afrique (2011). *Les ressources minérales et le développement de l'Afrique.* Addis-Abeba, Ethiopie : Commission économique pour l'Afrique.

Humphries, M. (2003). *Mining of Federal Land. Congr. Res. Serv. Issue Brif Congr. Washington, D.C : Res. Serv. dans Bridge, G. (2004), contested terrain : Mining and the Environment, Annual Review of Environment and Resources, vol. 29: 213.*

Jabeen, R., Ahmad, A., and Iqbal, M. (2009). *Phytoremediation of heavy metals: physiological and molecular mechanisms. Botanical Review; 75: 339-364.*

Kouyaté, S et Diaby, M.N. (2011). Impacts de l'exploitation minière de la SMD de Lero sur l'environnement, sous préfecture de Siguirini, préfecture de

Siguiri. Mémoire de diplôme de fin d'études supérieures. Institut Supérieur Agronomique et Vétérinaire Valéry Giscard d'Estaing. Faranah, Guinée.

Leclerc, A. (2012). Utilisation de matières résiduelles pour la restauration des carrières et sablières en fin de vie: modèles et applicabilité au Québec selon une approche de développement durable. Essai présente au Centre Universitaire de Formation en Environnement en vue de l'obtention du grade de maitre en environnement (M. Env.). Université de Sherbrooke; 87 p.

Loi L/2011/006/CNT du 9 septembre 2011, portant code minier de la République de Guinée.

Mench, M., Schwitzguébel, J-P. Schroeder, P., Bert, V., Gawronski, S., and Gupta, S. (2009).Assessment of successful experiments and limitations of phytotechnologies: contaminant uptake, detoxification and sequestration, and consequences for food safety. Environmental Science and Pollution Research ; 16: 876-900.

Ministère de l'Environnement du Québec (1984). Annexe B, La réhabilitation des carrières et sablières, un coup de main à l'environnement. Québec, Direction des communications, 37 p.

Ministère de l'Agriculture, de l'Élevage, de l'Environnement, des Eaux et Forêts (2007)., *Plan d'Action Nationale d'Adaptation aux Changements Climatiques de la république de Guinée.* Ministère de l'agriculture, de l'élevage, de l'environnement, des eaux et forêts.

Ministère des Mines de la Géologie et de l'Environnement (2002). *Stratégie nationale et plans d'action sur la diversité biologique : Stratégie nationale de conservation de la diversité biologique et d'utilisation durable de ses ressources, volume1.* Kasisi. R.

Ministère de l'Environnement du Québec (2012). Guide sur le recyclage des matières résiduelles fertilisantes, critères de référence et normes règlementaires. Québec, Direction des matières résiduelles et des lieux contaminés, 160 p.

Mouvement Mondial pour les Forêts Tropicales (2004). L'industrie minière: Impacts sur la société et l'environnement.180 pages. [En ligne]. Accès: http://www.wrm.org.uy/deforestation/mining/textfr.pdf (Page consultée le 16 décembre 2012).

NORD Gold (2011). *CPR Report on the Assets of Nord Gold for Burkina Faso, Guinea, Kazakhstan and the Russian Federation.* 282p.

Norgate T. E. and Rankin, W. J. (2000). *Life Cycle Assessment of Copper and Nickel Production, Published in Proceedings, Minprex 2000, International Conference on Minerals. Processing and Extractive Metallurgy, pp133-138. CSIRO Minerals of Australia* [En ligne]. Accès: http://www.minerals.csiro.au/sd/CSIRO_Paper_LCA_CuNi.htm (Page consultée le 16 décembre 2012).

Olivier, M.J. (2009). Chimie de l'environnement. 6eme edition, Les productions Jacques Bernier, 367 p. Règlement général sur la sûreté et la règlementation nucléaire, D.O.R.S./2000-202.

Ordonnance n 045/PRG/87 du 28 mai 1987, portant code de l'environnement.

Pohu, A. L. (2011). Intérêt de la phytostabilisation aidée pour la gestion des sols pollués par des éléments traces métalliques (Cd, Pb, Zn). Thèse université du littoral côte d'Opale.

Programme des Nations Unies pour l'environnement (2008). Afrique: Atlas de notre environnement évolutif. Malte: Progress Press Inc.

Regvar, M., Vogel, MK., Kugonic, N., Turk, B., Batic, F. (2006). *Vegetational and mycorrhizal successions at a metal polluted site: Indications for the direction of phytostabilisation? Environmental Pollution* ; **144**: 976-984.

Renaud, A. (2000). Aménagement et revégétalisation des carrières, le cas de la carrière 5 de Graymont, à Marbleton. Essai de maîtrise en environnement, Université de Sherbrooke, Sherbrooke, Québec, 40 p.

Rivet, V. A. (2013). Impacts de l'exploitation des mines d'uranium sur la santé humaine. Centre Universitaire de Formation en Environnement. Université de Sherbrooke. Québec. Canada.

Robinson, B. H., Banuelos, G., Conesa, H.M., Evangelou, M.W.H., Schulin, R. (2009). *The phytomanagement of trace elements in soil. Critical Reviews in Plant Sciences;* **28**: 240-266.

Smits, P. (2005) *Phytoremediation. Annual Review of Plant Biology;* **56**: *15-39.*

Topper, K. F., et Sabey, B., R. (1986). *Sewage sludge as a coal mine spoil amendment for revegetation in Colorado. Journal Environ. Qual., Vol 15 (1), pp. 44-49.*

Tsiba, J. (2013). L'exploitation minière et l'environnement au Gabon : le cas du manganèse et de l'uranium dans la région du haut-Ogooué. Communication présentée au colloque International de Mont Pellier, le 20 et 21 mars 2013.

Ugo, L. (2006). Enjeux environnementaux associés aux mines aurifères : Le nord du Québec et du Canada. Communication présenté au congrès de l'ACFAS-2006. Université Mc Gill, Montréal, 18 mai 2006.

Union Internationale pour la Conservation de la Nature (2012). Atelier sous régional de renforcement des capacités des media. Thème : «exploitation minière et protection de l'environnement et des ressources naturelles en Afrique de l'Ouest». Du 1er au 5 Octobre 2012, Ouagadougou, Burkina Faso.

Villeneuve, C. (2012). Les mines et les changements climatiques. Chaire Eco-conseil, UQAC, Québec. [En ligne]. Accès: http://synapse.uqac.ca/2012/les-mines-et-les-changements-climatiques/ (Page consultée le 03 décembre 2012).

ANNEXES

ANNEXE 1

Guide d'entretien (adressé au responsable de section réhabilitation du département SSE)

Nom et prénom :

Sexe : Féminin ☐   Masculin ☐

Lieu de service :

Date d'entretien :

1- Gestion des forêts

Destruction du couvert végétal ? Oui ☐   Non ☐

Si oui, quelles sont les différentes causes ?

Quelles sont les mesures envisagées par la SMD pour la conservation des espèces végétales ?

Quel est le nombre d'hectares reboisés par la SMD ?

2- Faune

Quelles sont les dispositions prises par la SMD pour minimiser la pression sur les ressources fauniques ?

3- Eaux de surface :

Quels sont les cas de pollution des eaux de surface suite aux activités d'exploitation de la SMD ?

Quelles sont les dispositions prises par la SMD pour éviter les cas de contamination des eaux de surfaces ?

4- Gestion des sols :

Quelles sont les mesures de conservation des sols utilisées par la SMD contre l'érosion ?

Existe-t-il des préoccupations aux terrassements des sols ?

Quels sont les cas de contaminations des sols par déversement des hydrocarbures ou produits chimiques sur le site et dans le village ?

Quelles sont les dispositions prises par la SMD pour éviter les cas de contamination des sols par déversement des hydrocarbures ou d'autres produits chimiques ou de déchets ?

5- Air :

Quels sont les cas de pollution de l'air suite aux activités d'exploitation ?

Localité	Activités

Quelles sont les dispositions prises par la SMD pour éviter ces cas de pollution d'air ?

6- Mine :

Quelle est l'avenir des mines à la SMD ?

Quelle est la méthode envisagée par la SMD pour réhabiliter les mines ?

Pisciculture ☐ , Remise en état ☐ , Autres ☐

Quel est le nombre de mines réhabilitées par la SMD ?

7- Gestion des déchets :

Quels sont les procédures de recyclages ou d'élimination des déchets à la SMD ?

Quelles sont les procédures de rejet et d'épuration des eaux usées à la SMD ?

Comment le parc à résidus cyanuré de la SMD est-t-il géré?

Quelles sont les procédures de gestion des eaux ?

8- Sécurité des populations :

Il ya –t-il des risques d'accidents sur le site et sur les routes, en raison d'une plus grande circulation dans les CR ?

Oui ☐   Non ☐

Quelles sont les dispositions prises par la SMD pour minimiser les cas d'accidents dans la localité ?

Existe –t-il un plan de gestion environnementale à la SMD ?

ANNEXE 2

Guide d'entretien (adressé au responsable du département mines)

Nom et Prénom :

Sexe : Féminin ☐   Masculin ☐

Lieu de service :

Date d'entretien :

1- Il existe combien de mines à la SMD ? les quelles ?

2- Combien d'entre elles sont en activités ? les quelles ?

3- Combien d'entre elles sont déjà exploitées ? les quelles ?

4- Quelle est la méthode d'exploitation utilisée par la SMD ?

5- Quelle est la superficie occupée par les mines de la SMD ?

6- Quelle est la profondeur d'une mine à la SMD ?

7- Quelle est la durée de vie d'une mine à la SMD ?

8- Quels sont les travaux d'ouverture d'une mine à la SMD ?

9- Quels sont les problèmes liés à l'ouverture d'une mine ?

10- Quelle est l'avenir des mines à la SMD ?

ANNEXE 3

Guide d'entretien individuel et collectif (adressé aux présidents des districts, à la communauté, au président de la CR de Lero et à son adjoint)

Prénom et Nom de l'enquêté :

Sexe : Féminin ☐   Masculin ☐

Age :

Profession :

Date et lieu d'enquêté :

1- A quel mois on observait ici la pluie ?
2- Quelles sont les cultures que vous pratiquiez ?
3- Quelles sont l'influence de la SMD sur vos activité agricoles ?
4- Quelles sont les espèces d'arbres qu'on rencontrait ici? Existent- t-elles encore ?
5- Comment étaient les cours d'eau d'ici ? Comment sont t-ils de nos jours ?
6- Quels sont les animaux aquatiques qu'on pouvait rencontrés avant la SMD ? Et maintenant ?
7- Quels sont les différents animaux que vous éleviez ? Et maintenant ? Pourquoi ?
8- Quels sont les espèces fauniques qu'on rencontrait ici ? Et maintenant ?
9- Êtes-vous content de la SMD ?
   Oui ☐   Non ☐
   Pourquoi ?
10- Quels sont les différents problèmes que vous rencontrez pendant cette phase d'exploitation de la SMD?

ANNEXE 4

Guide d'entretien (adressé aux travailleurs de la SMD)

Nom et Prénoms :..

Sexe : Féminin ☐ Masculin ☐

Lieu de service :..

Date d'entretien :..

1) Quelles sont les difficultés rencontrées à la SMD ?
2) Quelles sont les dispositions prises par la SMD pour assurer la sécurité des travailleurs sur le site?
3) Les cas d'accident sont-ils fréquents sur le site? Oui ☐   non ☐

Si oui comment arrivent-ils ?

- Par collision de véhicules ☐ ?
- Par chute accidentelle ☐ ?
- Par une mauvaise manipulation des produits chimiques ☐ ?

4) Comment la SMD assure-t-elle la prise en charge des accidents?
5) Quels sont les problèmes environnementaux aux quels vous vous sentez exposés ?
6) Les pistes sont-t-elles fréquemment arrosées par la SMD ?
7) Le cyanure est-il utilisé par la SMD ?
8) Comment êtes vous protégé contre le bruit dans le power house ?
9) Quelles sont les maladies fréquemment constatées chez les travailleurs?
10) Avez-vous souvenance d'un ou des cas d'épidémie constaté à la SMD?

11) Quelles sont les activités de la SMD qui affectent le plus les populations selon vous?

12) Comment la SMD assure-t-elle le respect du règlement intérieur et des mesures de sécurité pour ces travailleurs?

ANNEXE 5

Grilles d'observation

Milieu physique

Récepteur d'impacts	Intensité d'impact	Etendue d'impact	Durée de l'impact	Source d'impact	Période
Sol					
Qualité de l'air et sonorité					
Qualité des eaux					

Milieu biologique

Récepteur d'impacts	Intensité d'impact	Etendue d'impact	Durée de l'impact	Source d'impact	Période
Flore					
Faune et biodiversité					

ANNEXE 6

Liste des espèces floristiques inventoriées sur le site Firifirimi de la SMD

(avec un accent sur leur statut)

N	Noms latins	FAMILLE	Nom en Manika	Usage
1	*Albizzia zygia*	MIMOSACEAE	Tombon gbèn	Médicinale, industrie, artisanat, énergie, alimentation, élevage
2	*Anacardium occidentale*	ANACARDIACEAE	Sömö	Alimentation, médicinale, industrie
3	**Bombax costatum*	BOMBACACEAE	Boumbou	Médicinale, industrie, artisanat
4	*Combretum glutinosum*	COMBRETACEAE	Semba bali	Médicinale, alimentation, artisanat
5	*Morinda geminata*	RUBIACEAE	Wanda	Médecinale
6	*Daniellia oliveri*	CAESALPINIACEAE	Sandan	Médecinale, alimentation, élevage, artisanat, énergie

7	*Detarium microcarpum*	CAESALPINIACEAE	Tamba	Médecinale, alimentation
8	*Entada africana*	MIMOSACEE	Dialan kamban	Alimentation, industrie, artisanat, agriculture
9	*Gardenia ternifolia*	RUBIACEAE	Bourén mousoman	Alimentation, industrie, artisanat, élevage
10	*Isobernia doka*	CAESALPINIACEAE	Sö	Médicinale, artisanat, énergie
11	*Monotes kerstingii*	DIPTEROCARPACEAE	Gbèrè gbèrè	Médicinale
12	*Nauclea latifolea*	RUBIACEAE	Badi	Alimentation, artisanat, médicinale
13	**Parkia biglobosa**	FABACEAE	Nèrè	Alimentation, médicinale, industrie, artisanat, agriculture, énergie
14	*Pennisetum pedicellatum*	POACEAE	Sadioussou	Médicinale, élevage
15	*Piliostigma thonningui*	FABACEAE	Niama tiéni	Industrie, énergie; médicinale, artisanat, alimentation
16	*Prosopis africana*	MIMOSACEAE	Gbelen	Médicinale, artisanat

| 17 | *Securidaca longipedunculata* | POLYGALACEAE | Djoro | Alimentation, médicinale, élevage, artisanat, énergie, pêche |
| 18 | *Strychnos spinosa* | LOGANIACEAE | Koundé koulé | Alimentation, artisanat, industrie, énergie, élevage |

* : **Espèce menacée de disparition de la Monographie Nationale Guinéenne.**

: **Espèce vulnérable ou en danger de la Liste Rouge Internationale de l'UICN.

ANNEXE 7

Les photographies sur le site de la SMD

Figure 7.1: ancienne mine remplie d'eau

Figure 7.2 : cours d'eau pollué

Figure 7.3 : mine à ciel ouvert

Figure 7.4 : présence de contaminants dans les sols

Figure 7.5 : mine de Pharmacy remblayée

Figure 7.6 : zone reboisée par la SMD

Oui, je veux morebooks!

I want morebooks!

Buy your books fast and straightforward online - at one of the world's fastest growing online book stores! Environmentally sound due to Print-on-Demand technologies.

Buy your books online at

www.get-morebooks.com

Achetez vos livres en ligne, vite et bien, sur l'une des librairies en ligne les plus performantes au monde!
En protégeant nos ressources et notre environnement grâce à l'impression à la demande.

La librairie en ligne pour acheter plus vite

www.morebooks.fr

OmniScriptum Marketing DEU GmbH
Heinrich-Böcking-Str. 6-8
D - 66121 Saarbrücken
Telefax: +49 681 93 81 567-9

info@omniscriptum.com
www.omniscriptum.com

.

Printed in Great Britain
by Amazon

10624196R10047